BEI GRIN MACHT SICH IHR WISSEN BEZAHLT

- Wir veröffentlichen Ihre Hausarbeit,
  Bachelor- und Masterarbeit

- Ihr eigenes eBook und Buch -
  weltweit in allen wichtigen Shops

- Verdienen Sie an jedem Verkauf

Jetzt bei www.GRIN.com hochladen
und kostenlos publizieren

Lutz Schülke

Übertragungseigenschaften von DI-Boxen verschiedener Bautypen und Preisklassen im Vergleich

GRIN Verlag

Impressum:

Copyright © 2011 GRIN Verlag GmbH
Druck und Bindung: Books on Demand GmbH, Norderstedt Germany
ISBN: 978-3-656-28909-8

Dieses Buch bei GRIN:

http://www.grin.com/de/e-book/202967/uebertragungseigenschaften-von-di-boxen-
verschiedener-bautypen-und-preisklassen

SAE Institute Hamburg

Facharbeit

zum Thema:

Übertragungseigenschaften von DI-Boxen verschiedener Bautypen und Preisklassen im Vergleich

vorgelegt von
Lutz Schülke

abgegeben am 06. 06. 2011

Inhalt

1		**Einleitung**	3
2		**Vorbetrachtung**	4
	2.1	Aufgaben und Einsatzgebiete einer DI-Box	4
	2.2	Aufbau und Funktionsweise von DI-Boxen	5
	2.2.1	Die passive DI-Box	5
	2.2.2	Die aktive DI-Box	7
	2.3	Der Transformator in einer Audioschaltung	9
	2.4	Frequenzgang aktiver und passiver DI-Boxen in Bezug auf Operationsverstärker und Transformator	10
3		**Messmethode und Versuchsaufbau**	13
	3.1	Überlegungen zur Messmethode	13
	3.2	Auswahl der zu untersuchenden DI-Boxen	13
	3.3	Vorstellung der verwendeten Geräte und Software	14
	3.4	Versuchsaufbau	15
4		**Versuchsdurchführung**	16
5		**Auswertung der Daten**	18
6		**Fazit**	21
7		**Abbildungs- und Literaturverzeichnis**	22

1 Einleitung

In den späten 1960er Jahren herrschte bei Konzertveranstaltungen auf und hinter den Bühnen oft ein großes Durcheinander. Beim Versuch verschiedenste Instrumente mit den unterschiedlichsten Steckern und Buchsen störfrei bis zum F.o.H.-Mischpult zu übertragen, kam es immer wieder zu Problemen. Die Ausgänge der Instrumente waren nicht genormt, je nach Hersteller waren die Belegungen der Buchsen zum Teil sogar unterschiedlich. Die Signale der Instrumente waren meist zu stark oder zu schwach und nur selten ohne Brummen und Knistern.

Um diese Probleme beheben zu können, wurde ein Gerät entwickelt – die *Direkt Injection Box* oder auch *Direkt Input Box*, kurz *DI-Box*. Durch sie wurde es möglich, die Signale der Instrumente auch über lange Kabelwege störungsfrei zu übertragen. Außerdem konnte man so die elektrischen Instrumente (z.B. eine elektrische Gitarre oder einen Synthesizer) ohne Umwege über zusätzliche Verstärker und Mikrofone ins Mischpult einspeisen und so einen direkten Klang ohne Übersprechungen erhalten. „[K]aum ein anderes P.A.-Zubehörteil hat die Prädikate 'Helferlein` oder 'aus der Not heraus erfunden` so sehr verdient wie diese nützlichen Signalanpasser. [...] sie ist von der Bühne nicht mehr wegzudenken." (Pieper, 2001, S. 57f)

In der täglichen Praxis steht ein Audio Engineer häufig vor der Frage, welcher Typ von DI-Box für die jeweilige Situation die geeignetste und effektivste ist. In dieser Facharbeit wurden vier verschiedene DI-Boxen unterschiedlicher Bauweise und Preisklasse auf ihr Übertragungsverhalten hin verglichen. Dazu wurden jeweils zwei passive bzw. aktive DI-Boxen in direkten Vergleich gestellt. Um einen möglichst drastischen Unterschied bei den Messungen zu erhalten, wurden jeweils eine sehr günstige DI-Box und eine recht teure DI-Box des jeweiligen Typs gegenübergestellt.

Zunächst werden in Kapitel 2.1 Aufgaben und Einsatzgebiete einer DI-Box kurz umrissen, bevor in 2.2 Aufbau und Funktionsweise passiver (2.2.1) und aktiver (2.2.2) DI-Boxen erläutert werden. Anschließend wird die Funktionsweise des Transformators in einer Audioschaltung beschrieben (2.3), um nachvollziehen zu können, wie sich die beiden Hauptkomponenten Transformator und Operationsverstärker auf den Frequenzgang einer aktiven bzw. einer passiven DI-Box auswirken (2.4). Kapitel 3 befasst sich mit der Messmethode und dem Versuchsaufbau. Zuerst werden hierbei Überlegungen zur Messmethode angestellt (3.1). Danach wird die Auswahl der untersuchten DI-Boxen begründet (3.2) und die verwendeten Geräte und Software vorgestellt (3.3). Abschließend wird der Versuchsaufbau geschildert (3.4). Kapitel 4 beschreibt die Versuchsdurchführung. In Kapitel 5 werden die gewonnenen Daten ausgewertet. Zuletzt ziehe ich daraus ein persönliches Fazit für mögliche Kaufentscheidungen (Kapitel 6).

2 Vorbetrachtung

2.1 Aufgaben und Einsatzgebiete einer DI-Box

Eine DI-Box hat im Wesentlichen vier Aufgaben. Erstens, die Symmetrierung von unsymmetrischen Signalen. Ein Instrumenten-Signal oder ein Line-Signal ist in der Regel unsymmetrisch. Der Mic-In eines Mischpultes hingegen ist symmetrisch. Die DI-Box symmetriert somit das unsymmetrische Signal, damit es dem Mischpult zugeführt werden kann. Zusätzlich werden durch die Symmetrierung Störgeräusche vermieden, die durch elektrische Einstreuungen bei langen Kabelwegen auftreten. Zweitens, die Anpassung der Impedanz des Instrumenten-Signals bzw. des Line-Signals an das Mischpult. „Die Impedanz (Eingangswiderstand des Mikrofoneingans) beträgt ca. 2 kΩ [...]" (Henle, 2001, S. 203). Der Eingang eines Mischpultes ist damit also niederohmig. Ein Gitarren-Signal hingegen ist mit 10 bis 20 kΩ eher hochohmig und wird deswegen auch als *Hi-Z Signal* bezeichnet. Die DI-Box passt also die Impedanz des Instrumenten-Signals bzw. des Line-Signals der des Mikrofonverstärkers am Mischpult an. Drittens, die Anpassung des Pegels. Der Pegel eines Line-Signals ist für den Mic-In eines Mischpultes viel zu hoch. An den meisten DI-Boxen findet man daher eine Pad-Schaltung die den Pegel um -20 dB und in seltenen Fällen sogar um -40 dB absenkt, damit das Audio-Signal am Mischpult nicht übersteuert. Viertens, die Unterdrückung von Erdschleifen. Die meisten DI-Boxen besitzen einen ′Ground-′ oder auch ′Ground/Lift`-Schalter. Durch diesen Schalter wird die Massenverbindung aufgetrennt, wodurch Erdschleifen unterdrückt werden, die sich sonst durch ein hörbares Brummen (z.B. Netz-Brummen) bemerkbar machen würden. „Zwischen dem Ein- und Ausgang des Übertragers besteht keine leitende Verbindung (galvanische Trennung), das heißt, es können keine Ladungen (kein Gleichstrom) über den Übertrager abfließen." (Conrad, 2004, S. 46) Eine weiteres, nicht wesentliches aber dennoch nützliches Merkmal der DI-Box ist ihr ′Input Link`. Der zusätzliche Ausgang ermöglicht es, ein Signal aufzusplitten.

DI-Boxen werden im Studio und bei Live-Shows eingesetzt. Dabei ist auffällig, dass sie im Studio meist nur zum Splitten eines Signals verwendet werden – beispielsweise wenn man eine elektrische Gitarre über mehrere Verstärker gleichzeitig spielen möchte – da ein Studio oft hochwertiges Equipment besitzt, das die Impedanzanpassung und die Pegelanpassung eines Signals besser bewerkstelligt als eine DI-Box. Allerdings besitzt ein Studio eher selten einen extra Splitter[1]. Des Weiteren werden DI-Boxen im Studio häufig dazu verwendet, ein Gitarren-Signal vom Regieraum über die Wall-Box in den Aufnahmeraum zum Verstärker zu schleusen. Der Musiker kann im

---

1 z.B. den *Morley George Lynch Tripler* speziell für elektrische Gitarren

Regieraum die Gitarre einspielen, während im Aufnahmeraum der Gitarrenverstärker abgenommen wird. Viele Musiker bevorzugen diese Variante, da sie sich dabei selbst nicht großen Lautstärken aussetzen müssen, wodurch die Abhör-Situation als angenehmer empfunden wird.

Im Live-Bereich werden DI-Box in jeder erdenklichen Funktion und Situation eingesetzt, z.B. zur Symmetrierung und Desymmetrierung, zum Entfernen von Brummschleifen, zur Pegelanpassung, zur Splittung und zur Massentrennung, damit ein Sänger mit schlecht geerdetem (vintage) Amp keinen elektrischen Schlag bekommt, sobald er das Mikrofon berührt.

2.2 Aufbau und Funktionsweise von DI-Boxen

Je nachdem auf welche der oben aufgezählten Eigenschaften man den Fokus legt, sollte man sich für ein spezielles Modell entscheiden, da jede DI-Box diese Aufgaben unterschiedlich gut löst. Die Begründung hierfür liegt in den verschiedenen Bauweisen, wobei man grob zwischen zwei Arten – *passiv* und *aktiv* – unterscheiden kann.

2.2.1 Die passive DI-Box

Der Aufbau einer passiven DI-Box ist im Grunde immer gleich. Ihr Herzstück ist ein Übertrager in Form eines Transformators – kurz Trafo – der aus zwei Spulen besteht. Er sorgt für die Impedanzanpassung und die Symmetrierung des Signals. Außerdem trennt er sehr effektiv die Masseverbindung zwischen Ein- und Ausgang auf, da durch die Spulen keine physikalische Verbindung vorliegt (vgl. Conrad, 2003, S. 218). Diese Art von Verbindung wird auch als *galvanische Trennung* bezeichnet.[2] Der Transformator verleiht der passiven DI-Box ihren Namen, da er ein passives Bauteil ist, selbst also keinen Strom benötigt.

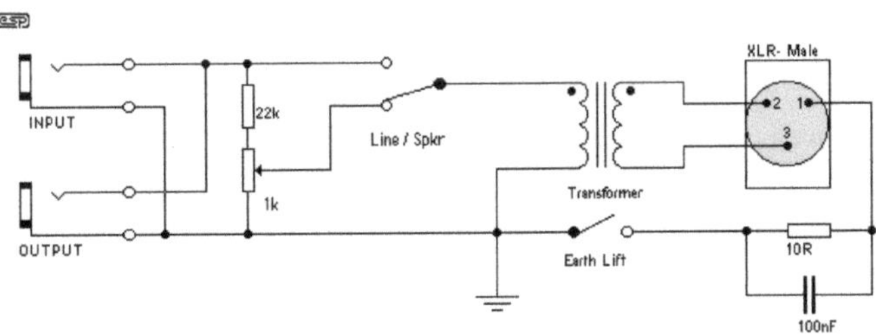

Abb. 1: Schaltung einer passiven DI-Box mit Pad-Schaltung

---

2 Das Ergebnis ist unter 2.1 beschrieben.

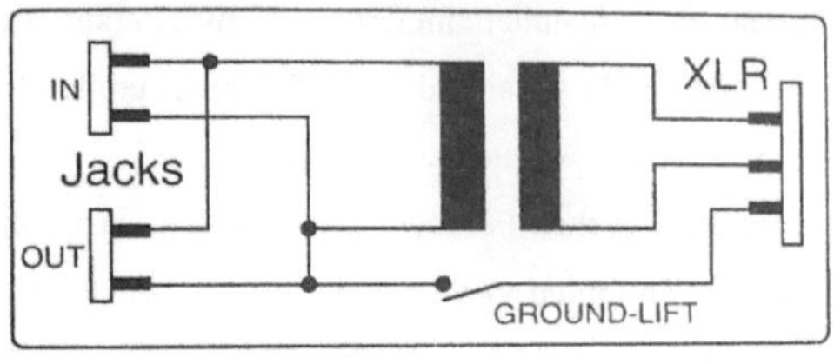

Abb. 2: Schaltung einer passiven DI-Box ohne Pad-Schaltung

In Abbildung 1 ist eine Pad-Schaltung durch zwei in Reihe geschaltete Widerstände zwischen dem Input und dem Trafo realisiert. In Abbildung 2 fehlen diese Widerstände, somit ist eine zusätzliche Anpassung des Pegels hier nicht gegeben.

Wie schon erwähnt, ist der Trafo ein passives Bauteil. „Eine DI-Box enthält normalerweise einen 10:1 Übertrager und schwächt somit das Signal um -20 dB ab." (Friesecke, 2007, S. 296). Dadurch verschlechtert sich der Signal-Rauschabstand. Die Übertragerverluste, zu begründen mit dem verhältnismäßig schlechten Wirkungsgrad und der Selbstinduktion einer Spule, machen sich klanglich bemerkbar. Die Amplituden der hohen Frequenzen fallen ab ca. 15 kHz ab. Pieper spricht von „Klangverfälschung in Form von Pegel- und Höhendämpfung" und davon, dass das Signal "in den Höhen klanglich beschnitten" sei (Pieper, 2001, S. 59). Conrad formuliert es wie folgt: „Prinzipiell verursachen Trafos immer gewisse Verluste bei hohen Frequenzen und Verzerrung bei hohen Pegeln." (Conrad 2003, S. 218). Allerdings weisen dieselben Autoren auch darauf hin, dass diese Verluste von der Qualität des Transformators abhängen: "Bei guten Trafos liegen die Grenzen, wo es kritisch wird, [...] außerhalb des hörbaren Bereiches." (ebd.).

Zusätzlich steht die Grenzfrequenz auch im Zusammenhang mit dem zu verarbeitenden Signal. Je genauer die Impedanz, Spannung und Leistung des Signals an den Transformator angepasst ist, desto besser kann dieser das Signal verarbeitenden. Somit hängt die Grenzfrequenz einer passiven DI-Box von drei Variablen ab, nämlich dem zu verarbeitendem Signal sowie der Größe und Qualität des Trafos. Ein Vorteil der passiven DI-Box ist, dass sie aufgrund ihrer Bauweise auch invers einsetzbar ist. Das bedeutet, man kann sie auch zum Desymmetrieren von Signalen verwenden.

Zusammengefasst ist eine passive DI-Box immer dann zu bevorzugen, wenn man eine saubere Massentrennung (z.B. zur Vermeidung von Stromschlägen und Brummschleifen) erreichen oder ein Signal desymmetrieren möchte. Des Weiteren hat die passive DI-Box den Vorteil, dass sie keine zusätzliche Stromversorgung benötigt. Nachteilig an ihr ist dagegen der nicht allzu lineare

Frequenzgang, welcher sich durch eine Höhendämpfung, Signalkompression und durch einen schlechten Klirrfaktor in den tiefen Frequenzen bemerkbar macht. Ebenfalls nachteilig ist der schlechte Signal-Rauschabstand.

2.2.2 Die aktive DI-Box

Bei einer günstigen aktiven DI-Box wird die Aufgabe des Übertragers meist von einem Operationsverstärker übernommen. Dessen Vorteil liegt darin, dass das ankommende Signal zusätzlich verstärkt werden kann und der Wirkungsgrad im Gegensatz zum Transformator sehr effizient ist. Außerdem lässt sich eine beliebig hohe Eingangsimpedanz und eine beliebig niedrige Ausgangsimpedanz verwirklichen, da der Operationsverstärker auch als Impedanzwandler fungiert und sich dabei immer auf das Eingangssignal bezieht. Der Verlust im hohen Bereich des Frequenzspektrums wird durch diese Bauweise umgangen.

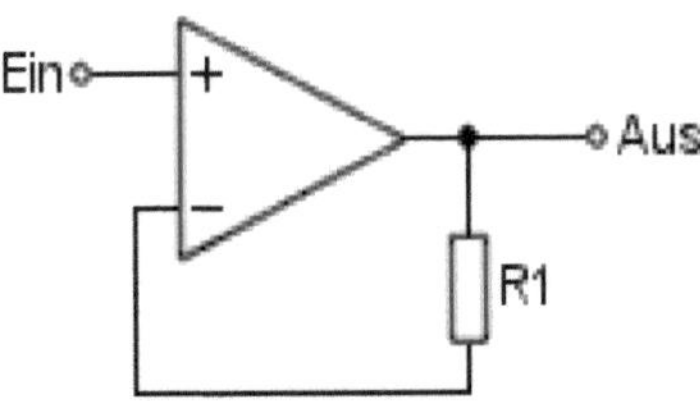

Abb. 3: Impedanzwandler

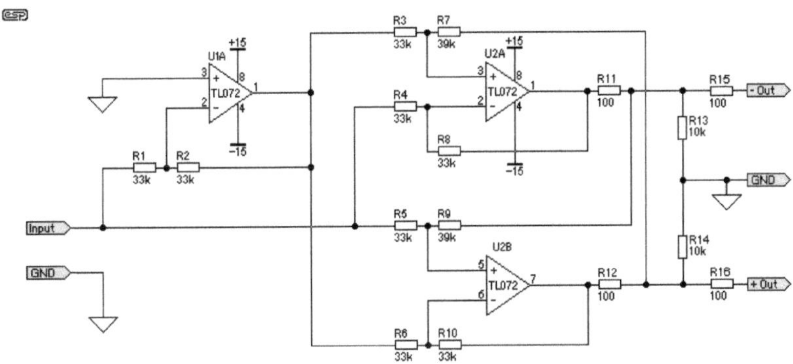

Abb. 4: Aktive DI-Box mit Operationsverstärker

Da auf diese Weise die vollständige Massentrennung technisch allerdings kaum zu realisieren ist, sind in vielen teuren aktiven DI-Boxen zusätzlich zum Operationsverstärker Transformatoren eingebaut, durch die unter Umständen wieder das geschilderte Problem der Höhendämpfung auftritt. In welcher Reihenfolge die Komponenten verbaut werden ist von Modell zu Modell verschieden. Hier zwei Beispiele:

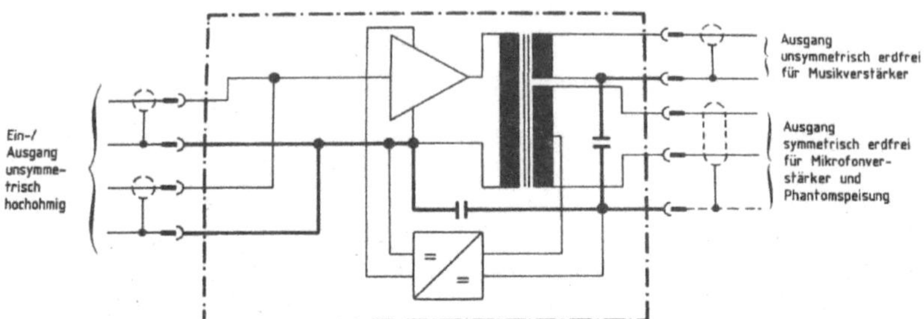

Abb. 5: Aktive DI-Box mit Operationsverstärker und Transformator

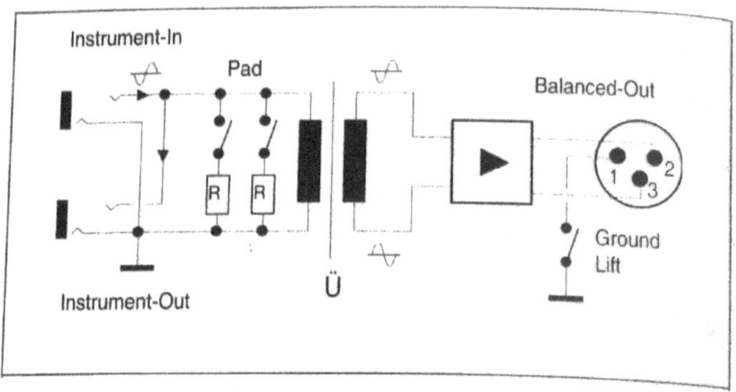

Abb. 6: Aktive DI-Box mit Operationsverstärker und Transformator

Zusammengefasst ist eine aktive DI-Box immer dann von Vorteil, wenn eine möglichst getreue Wiedergabe des Signals (*linearer Frequenzgang*) mit einem guten Signal-Rauschabstand angestrebt wird, wie zum Beispiel beim Recording. Nachteilig an der aktiven DI-Box sind dagegen die benötigte Stromversorgung und der Umstand, dass sie nicht zum Desymmetrieren verwendet werden kann.

Wenn man die Schaltbilder der passiven und der aktiven DI-Box vergleicht, fällt auf, dass sich eine aktive von einer passiven DI-Box im Wesentlichen nur um das zusätzliche aktive Verstärkerglied, den Operationsverstärker, unterscheidet. In diesem Fall spricht man auch von einem *Aufholverstärker,* da er den Signalverlust des 10:1 Übertragers 'aufholen' soll, um den Signal-Rauschabstand zu verbessern. Es stellt sich die Frage, warum bei einer teuren aktiven DI-Box die Höhendämpfung, die Signalkompression und das Klirren in den tiefen Frequenzen nicht auftreten, obwohl sie ebenfalls einen Trafo besitzt. Das Augenmerk liegt also nun auf Aufbau und Wirkungsweise des Transformators.

2.3 Der Transformator in einer Audioschaltung

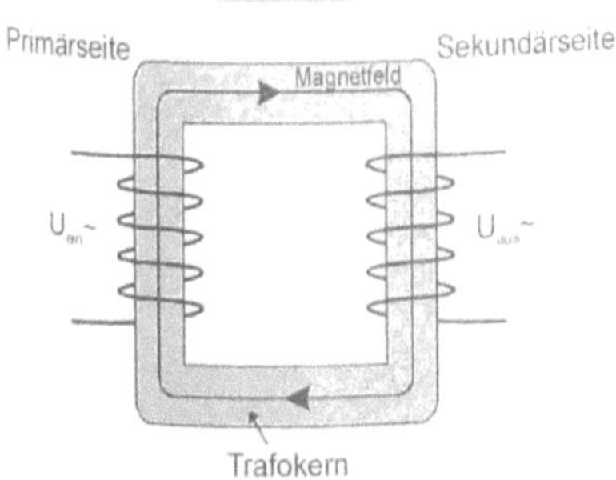

Abb. 7: Der Transformator

Einfach gesprochen ist ein Transformator nichts Anderes als zwei Kupferdrahtspulen (Primär- und Sekundärspule) mit einem gemeinsamen Eisenkern. Sobald ein Wechselstrom durch die Primärspule fließt, wird ein Magnetfeld aufgebaut. Der gemeinsame Eisenkern sorgt für die Kopplung der beiden Spulen. In der Sekundärspule wird durch die ständig wechselnde Polarität des Magnetfeldes folglich Ladung bewegt. Auf dieser Seite fließt also auch Strom. Windungszahl, Spannung, Stromstärke und Impedanz verhalten sich wie folgt:

U1 : U2 = N1 : N2

U1 : U2 = I2 : I1

I2 : I1 = N1 : N2

$\sqrt{(Z1 : Z2\,)}$ = N1 : N2

(Friesecke, 2007, S. 239)[3]

---

3 U1: Primärspannung in Volt, U2: Sekundärspannung in Volt, I1: Strom in der Primärwicklung in Ampere, I2: Strom in der Sekundärwicklung in Ampere, Z1: Eingangsimpedanz in Ohm, Z2: Ausgangsimpedanz in Ohm, N1: Windungszahl auf der Primärseite, N2: Windungszahl auf der Sekundärseite

Aus diesen Formeln wird deutlich, dass sich die Ströme umgekehrt proportional zu den Windungszahlen des Transformators verhalten und der Widerstand in exponentiellem Zusammenhang mit den Windungszahlen steht. Konkret bedeutet das: je mehr Wicklungen eine Spule aufweist, umso größer wird ihr Widerstand. So erfolgt die schon erwähnte Impedanzanpassung. Diese Gesetzmäßigkeiten gelten allerdings nur für den *idealen Transformator.* Dieser gibt weder Energie ab noch nimmt er welche auf, außerdem enthält er keinerlei Induktivität.

In der Realität ist ein Transformator jedoch immer verlustbehaftet, da ein großer Teil der Energie in Wärme und ein anderer in Form von magnetischen Streufeldern umgewandelt wird. Aus folgendem Grund ist eine Spule in einer Audio-Schaltung immer ein *Low-pass Filter:* Ein Audiosignal ist eine Wechselspannung. Der nicht konstante magnetische Fluss der Spule induziert dabei eine Spannung die entgegengesetzt der Primärspannung wirkt, die Selbstinduktionsspannung. Sie ist für den Abfall der Amplituden bei den hohen Frequenzen verantwortlich, da mit steigender Änderung der Polarität auch die Häufigkeit der Selbstinduktion steigt. Dadurch wird die Primärspannung geschwächt. Es stellt sich also die Frage, wie die Grenzfrequenz eines Audiosignals im Frequenzspektrum weiter in den nicht-hörbaren Bereich verschoben werden kann.

Der Wirkungsgrad eins Transformators ist abhängig von seinem Kernmaterial (z.B. *Schichtkerntransformator* oder *Ringkerntransformator*), dem Material des Drahtes, dem Wickelverfahren (z. B. *Bitilarwicklung* oder *Trifilarwicklung*) und nicht zuletzt von seiner Größe, die eine immense Auswirkung auf den Wirkungsgrad einer Spule hat. „Der Kopplungsfaktor (Wirkungsgrad) eines Trafos liegt in der Praxis zwischen 60 % bei kleinen Transformatoren und fast 100 % bei großen Trafos." (Friesecke, 2007, S. 240) Zu groß darf man einen Trafo aber auch nicht bauen, da man einerseits nur eine begrenzte Leistung aus einer Audio-Quelle zu erwarten hat, anderseits sich die Sekundärspule mit zunehmender Größe des Transformators immer weiter aus dem Magnetfeld der Primärspule entfernt und folglich in ihr weniger Ladung bewegt wird. Größe und Qualität des Trafos sind hierbei also entscheidend für die Grenzfrequenz.

2.4 Frequenzgang aktiver und passiver DI-Boxen in Bezug auf Operationsverstärker und Transformator

Betrachtet man zunächst die aktive DI-Box, kann man feststellen, warum man einen nahezu *linearen Frequenzgang* im Bereich von 20 Hz bis 20000 Hz zu erwarten hat. Bei günstigen aktiven DI-Boxen findet man oftmals keinen Transformator sondern nur einen Operationsverstärker. Durch die bessere Impedanzanpassung und den höheren Wirkungsgrad werden die Übertragerverluste so gering gehalten, dass sie sich auf das Frequenzspektrum eines Audiosignals kaum auswirken. Bei teuren aktiven DI-Boxen macht sich ein hoch qualitativer Trafo nur gering im Preis bemerkbar und wird daher auch fast immer verbaut. Durch den vorgeschalteten Operationsverstärker wird eine bessere Anpassung der Impedanz und der Spannung erzielt. Durch diese verbesserte Anpassung wird die Audio-Quelle weniger belastet, da ihr weniger Leistung abverlangt wird, wodurch die Grenzfrequenz in den nicht-hörbaren Bereich verschoben wird. Deshalb ist es sinnvoll, den Operationsverstärker vor den Transformator zu bauen, da andernfalls zwar der Signal-Rauschabstand verbessert wird, u. U. – je nach Qualität des Transformators – die Höhendämpfung und das Klirren in den tiefen Frequenzen aber weiterhin auftreten können.

Bei einer passiven DI-Box verhält sich der Frequenzgang aus folgenden Gründen anders: bei ihnen ist der Signal-Rauschabstand relativ schlecht, man sollte sie nicht benutzen, wenn die 'Reinheit' eines Signals im Vordergrund steht. Vom Hersteller wird beim Bau von passiven DI-Boxen meist auf einen qualitativ hochwertigen Transformator verzichtet, um den Preis des Produktes zu senken und es so für den Kunden attraktiver zu machen.[4] Obwohl die Meinung vorherrscht, dass „Ringkerntrafos [...] im Audiobereich zu bevorzugen [...]" (Friesecke, 2007, S. 241) sind, ist in den meisten qualitativ hochwertigen passiven DI-Boxen eine Art Schichtkerntransformator verbaut, dessen Kern aus kleinen, zusammengeklebten Scheiben besteht. Durch diese Bauweise erreicht man höhere Sättigungsfeldstärken bei geringeren Windungszahlen, wodurch die Streuinduktivität minimiert und der Wirkungsgrad verbessert wird. Es entstehen also weniger Wirbelstromverluste. Die Grenzfrequenz wird mit steigender Qualität des Trafo zunehmend Richtung des nicht-hörbaren Bereichs verschoben. Trotzdem muss man bei passiven DI-Boxen immer einen Kompromiss aus Eingangs-, Ausgangsimpedanz und Verlusten schließen. Durch das Fehlen des Operationsverstärkers wird die Signalquelle verhältnismäßig stark belastet. Da die Impedanz der passiven DI-Box recht niedrig ist wird der Quelle relativ viel Leistung abverlangt. Schaut man sich die typischen Impedanzverläufe wie z.B. von Pickups an, macht sich das zuerst in den hohen Frequenzen bemerkbar.

---

4 Qualitativ hochwertige NF-Transformatoren, wie z.B. von Firmen wie *Lundahl* oder *Jensen*, kosten weit mehr als 100€.

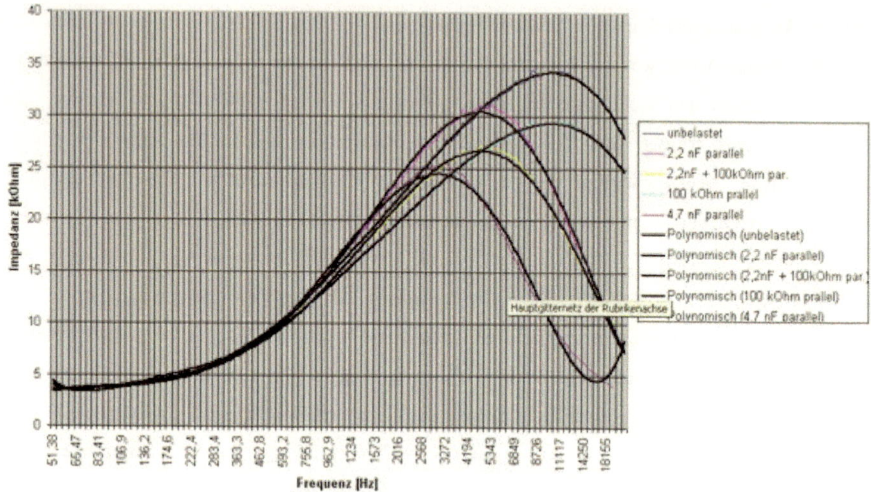

Abb. 8: Impedanzverläufe eines Pickups

Das Klirren in den tiefen Frequenzen kommt folgendermaßen zu Stande: Je tiefer die Frequenz, desto größer die Magnetisierung des Trafos, desto höher der Sättigungsgrad, desto höher der Klirrfaktor. Es stellt sich die Frage, ob in preislich höher angesiedelten passiven DI-Boxen qualitativ so hohe Trafos verbaut sind, dass die Höhendämpfung bis 20 kHz ausgeschlossen werden kann. Im folgenden Versuch soll u. a. dies beantwortet werden.

3 Messmethode und Versuchsaufbau

3.1 Überlegungen zur Messmethode

Eine DI-Box sollte also die unter 1.1 beschriebenen jeweiligen Anforderungen erfüllen und dabei das Audiosignal so wenig wie möglich beeinflussen. Deshalb ist es für den Versuch sinnvoll, ein bekanntes Audiosignal durch die jeweils zu testende DI-Box zu schleusen, um anschließend eine Aussage über die Veränderung des Signals durch die DI-Box tätigen zu können. In den hier beschriebenen Versuchen wurde ein *Weißes Rauschen* verwendet, das über den *Real Time Analyzer* im *Fast Fourier Transform Modus* angezeigt wird. Zusätzlich wurden ein *Sinus Sweep* und ein *Rosa Rauschen* benutzt.

Da alle Komponenten (z.B. Kabel und A/D- bzw. D/A-Wandler), die zwischen dem Test-Signal und dem Analysewerkzeug liegen, das Signal in Frequenzgang und Amplitude beeinflussen können, werden die DI-Boxen in erster Linie nur untereinander verglichen. Die DI-Box ist so die einzige Variabel im Versuchsaufbau; somit können die Störeinflüsse vernachlässigt werden, da sie sich jedes Mal gleichermaßen auf die Versuchsergebnisse auswirken.

3.2 Auswahl der zu untersuchenden DI-Boxen

Um einen möglichst drastischen Unterschied bei den Messungen zu erhalten, wurde eine preislich sehr günstige DI-Box der jeweiligen Kategorie (aktiv, passiv) mit einer aus dem höheren Preissegment vergleichen. Die Wahl der günstigen passiven DI-Box fiel dabei auf die *Millenium DI-E* für 9,90 € von *Thomann*, als teure passive DI-Boxen wurde die *Palmer Pan 01* für 35 € getestet. Beide übertragen das Signal nur mit Hilfe eines Transformators. Die *Behringer ULTRA-DI DI20* wurde als günstige aktive DI-Box untersucht. Sie kostet 19,90 €. Als teure aktive DI-Box wurde die *BSS Audio AR 133* getestet, sie kostet 125 €.

Abb. 9: Millenium DI-E

Abb. 10: Palmer Pan 01

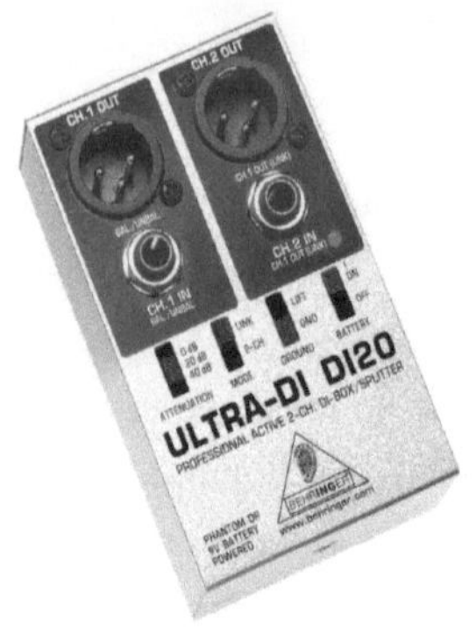

Abb. 11: Ultra-DI DI20
Um das Signal zu symmetrieren, benutzt
sie einen Operationsverstärker.

Abb. 12: Bss AR-133
Die Bss AR-133 verarbeitet das Signal mit
einem Transformator vor dem ein
Operationsverstärker verbaut wurde.

3.3 Vorstellung der verwendeten Geräte und Software

Um die DI-Boxen zu testen, wurde ein *Apple MacBook* mit einem 2,13 GHz *Intel Core 2 Duo* Prozessor mit 2 GB 800 MHz DDR2 SDRAM Arbeitsspeicher verwendet. Die *Digidesign MBox 2 mini* kam als Audio-Interface zum Einsatz. Sie gab die erzeugten Audio-Signale aus und nahm anschließend die durch die DI-Boxen veränderten Signale wieder auf. Als DAW wurde *Apple Logic Express 9* verwendet; sie erzeugte die für die Messungen benötigten Audio-Signale mit Hilfe des Test Oszillators und diente der Verwaltung, Speicherung und Ausgabe der aufgenommen Signale. Um die Messergebnisse auswerten zu können wurde *SpectraFoo Complete X* als RTA genutzt. Dieser Software-RTA gilt als sehr präzise und wird deswegen oft für exakte Messungen und Analysen angewandt. Um die Komponenten untereinander zu verbinden wurden ein *PRO SNAKE PATCH KLINKE WINKEL 0,15 M* 6,3 mm mono Klinken-Kabel von 15 cm Länge und ein *THE SSSNAKE SK233-0,5 XLR PATCH* Kabel von 50 cm Länge verwendet.[5] Das mit der *Mbox 2 mini* mitgelieferte USB-Kabel ist gut abgeschirmt; zwar werden nur digitale Daten übermittelt, trotzdem sollen auch hier die Störeinflüsse so gering wie möglich gehalten werden.

---

5 Laut Hersteller (*The Sssnake*) sind beide Kabel sehr gut abgeschirmt, um äußere Störeinflüsse möglichst gering zu halten. Aus dem gleichen Grund wurden kurze Kabel eingesetzt.

3.4 Versuchsaufbau

Die *MBox 2 mini* wurde über das USB-Kabel mit dem USB-Port des Computers verbunden. Der
Output ´Mon Out L` wurde zuerst mit dem Klinkenkabel verbunden. Anschließend wurde das
Klinkenkabel mit dem Input der jeweils zu untersuchenden DI-Box verbunden. Das XLR-Kabel
verband den Output der DI-Box mit dem ´Input 1 Mic` der *MBox 2 mini*. Es galt darauf zu achten,
dass weder die Pad-Schaltung, noch die 48 Volt Versorgungsspannung aktiviert waren, noch der
´Mic/DI` gedrückt war.

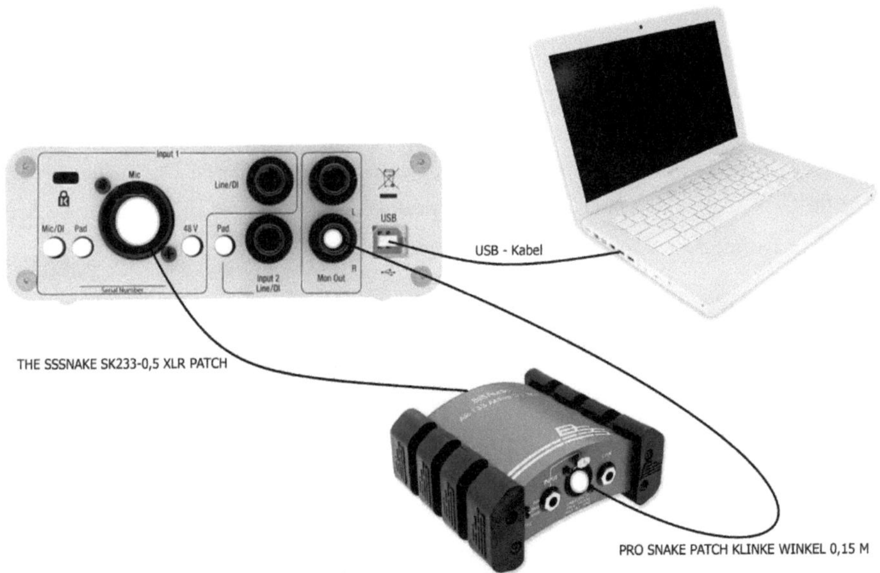

Abb. 13: Versuchsaufbau

4 Versuchsdurchführung[6]

Zuerst wurden mit Hilfe des *Logic Express 9* internen Test-Oszillators die für den Versuch benötigten Audio-Dateien erzeugt. Dabei wurden zuerst ein *Weißes* und danach ein *Rosa Rauschen* für jeweils 20 Sekunden mit einem Peak von 0 dB fs, einer Sample-Rate von 44.100 und einem Dynamikumfang von 24 Bit im AIFF-Format aufgezeichnet und auf separate Spuren gelegt. Das Gleiche geschah mit dem *Sinus Sweep*; er setzt erst nach ca. einer halben Sekunde ein und dauert 10 Sekunden an. Um zu verhindern, dass sich das Ausgangssignal mit dem durch die DI-Box veränderten Signal vermischt, wurde in der DAW *Logic Express 9* in den Audio-Einstellungen das Software-Monitoring deaktiviert.

Es wurden jeweils drei Spuren pro zu untersuchender DI-Box erzeugt. Die erste Spur wurde auf 'Record Ready' geschaltet; zur Sicherheit wurde der Volume Fader auf -∞ gestellt. Da die *Bss AR-133* das teuerste Modell in der Versuchsreihe war, wurde davon ausgegangen, dass sie den besten Signal-Rausch-Abstand aufweisen würde. Deshalb wurde die *MBox 2 mini* auf das durch die *Bss AR-133* veränderte weiße Rauschen auf -1 dB fs eingepegelt.

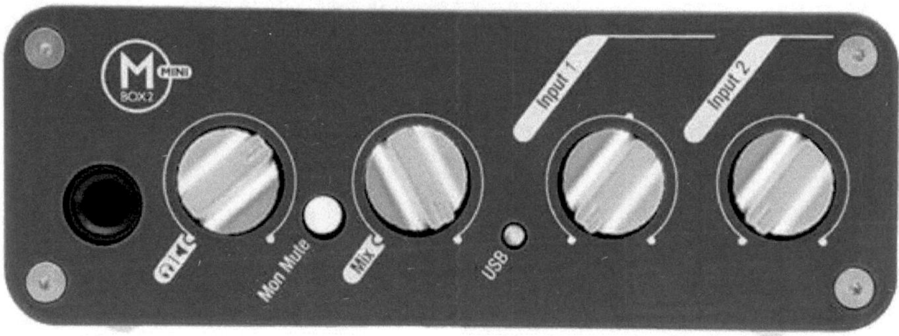

Abb. 14: MBox 2 mini Versuchseinstellung 1

Dabei wurde die Lautstärke der *MBox 2 mini* zu 2/3 aufgedreht. Das 'Mix'-Verhältnis wurde auf 100 % eingestellt, mit dem Poti wurde das Input/Output-Verhältnis bestimmt. Somit wurde sichergestellt, dass nur das Signal aus dem Computer ausgegeben wird. Der 'Input I' wurde auf 0 % gedreht. Die interne Vorverstärkung der *MBox 2 mini* sollte das Signal so wenig wie möglich beeinflussen. Der 'Input II' war für den Versuch nicht von Bedeutung, dennoch wurde er vorsichtshalber ebenfalls komplett „zugedreht".

---

6 Der Versuch wurde am 03.05.2011 in den Räumlichkeiten der SAE Hamburg durchgeführt.

Im nächsten Schritt wurden mit jeder DI-Box das *Weiße Rauschen*, das *Rosa Rauschen* und der *Sinus Sweep* nacheinander auf separate Spuren aufgezeichnet. Dabei wurden die Einstellungen der *MBox 2 mini* nicht verändert, um später die Signal-Rauschabstände der DI-Boxen miteinander vergleichen zu können. Die aktiven DI-Boxen bezogen ihre Versorgungsspannung von einem voll geladenen 9 Volt Block. Zwar besteht die Möglichkeit, an der *MBox 2 mini* die Phantom-Power zu aktivieren, allerdings stellt der USB-Port keine exakten 48 Volt zu Verfügung. Bei allen DI-Boxen ist die Pad-Schaltung inaktiv und die Masse aufgetrennt ('Lift`).

Um die passiven DI-Boxen besser miteinander vergleichen zu können, wurden sie noch einmal im Pegel angeglichen und aufgezeichnet. Die *Millenium DI-E* wurde hierbei ebenfalls auf ca. -1 dB fs eingepegelt. Diese Einstellungen der *MBox 2 mini* blieb für die *Palmer Pan 01* bestehen.

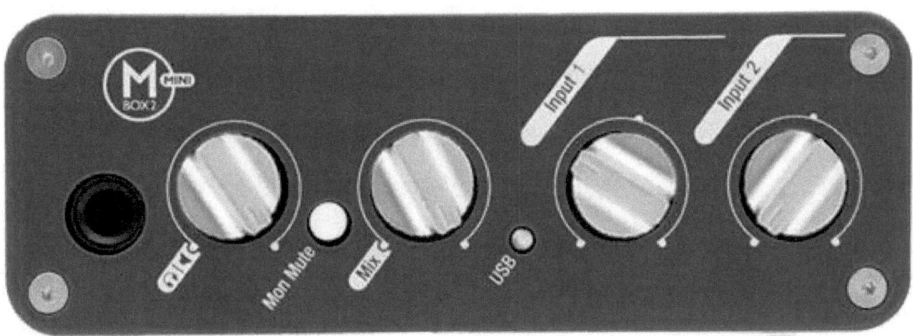

Abb. 15: MBox 2 mini Versuchseinstellung 2

5 Auswertung der Daten

Die durch den Versuch gewonnenen Audio-Dateien wurden mit Hilfe des *Spectragraph* und des *Level Meters* der Software *SpectraFoo Complete X* analysiert.

Über den Signal-Rauschabstand und die Dynamikverarbeitung der DI-Boxen lassen sich folgende Aussagen tätigen: Die *Bss AR-133* überträgt das Signal vom RMS-Pegel her am besten. Der Peak der *Ultra-DI DI20* ist im Vergleich zum Peak der *Bss AR-133* ca. 1,7 dB fs leiser, allerdings ist der RMS-Pegel nur -8,2 dB vom Peak entfernt und nicht wie bei der Bss AR-133 -9 dB. Sie weisen also einen Unterschied im Dynamikverhalten auf. Die *Millenium DI-E* ist, vom RMS-Pegel der *Bss AR-133* ausgehend, ca. -14 dB leiser, was wegen des passiven Übertragers zu erwarten war. Der Abstand von Peak und RMS-Pegel beträgt, annähernd der *Bss AR-133*, ca. -9 dB. Ähnlich verhält sich die *Palmer Pan 01*, allerdings überträgt sie das Signal am schlechtesten. Sie ist jeweils um -20 dB leiser als die *Bss AR-133* und -6 dB leiser als die *Millenium DI-E*.

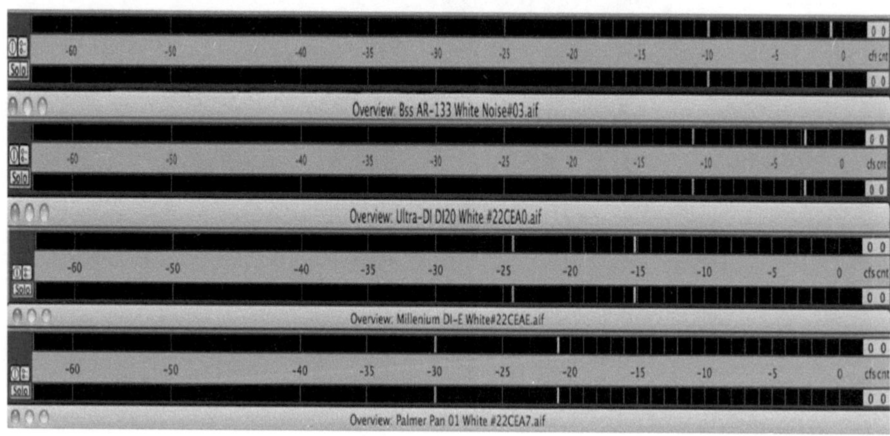

Abb. 16: Peak Meter DI-Box Vergleich

Betrachtet man das Level- bzw. Peak Meter, sind die *Bss AR-133*, die *Millenium DI-E* und die *Palmer Pan 01* im dynamischen Verhalten sehr ähnlich. In Bezug auf die Ausgangsdatei fällt allerdings auf, dass die *Ultra-DI DI20* das Signal in Punkto Dynamikverhalten am besten wieder zu geben scheint. Alle DI-Boxen haben Probleme schnelle Pegelspitzen gezielt zu bearbeiten.

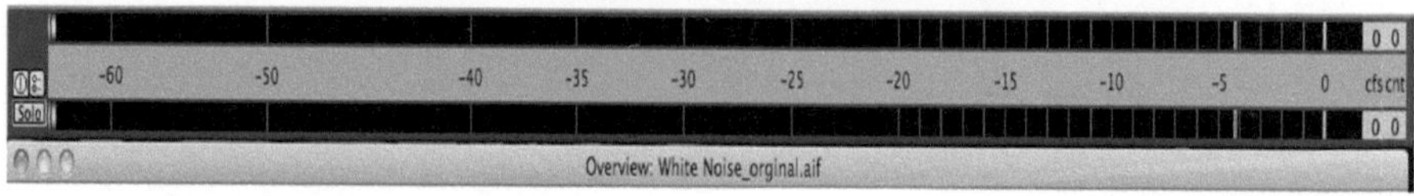

Abb. 17: Peak Meter DI-Box original Audio-Datei

Ein direkter Vergleich zur Ausgangsdatei kann aber nicht angestellt werden, da in diesem Versuch nicht ermittelt wurde, inwiefern sich die anderen Komponenten des Versuchsaufbaus wie z.B. Kabel, A/D-Wandler und D/A-Wandler auf das Frequenzspektrum auswirken.

Beim Betrachten des Frequenzgangs fällt auf, dass sich die Spektren der DI-Boxen nur minimal unterscheiden. Bis ca. 70 Hz verhalten sie sich in der Signalverarbeitung ein wenig unterschiedlich; die *Bss AR-133* und die *Millenium DI-E* geben in diesem Versuch diese Frequenzen am besten wieder. Der erwartete Abfall der hohen Frequenzen bei den passiven DI-Boxen blieb allerdings aus. Zwar gab es minimale Schwankungen im Bereich der hohen Frequenzen, jedoch traten diese bei passiver und aktiver Bauweise gleichermaßen auf. Ein direkter Vergleich zur Ausgangsdatei konnte auch hier nicht angestellt werden, sie dient lediglich der Orientierung.

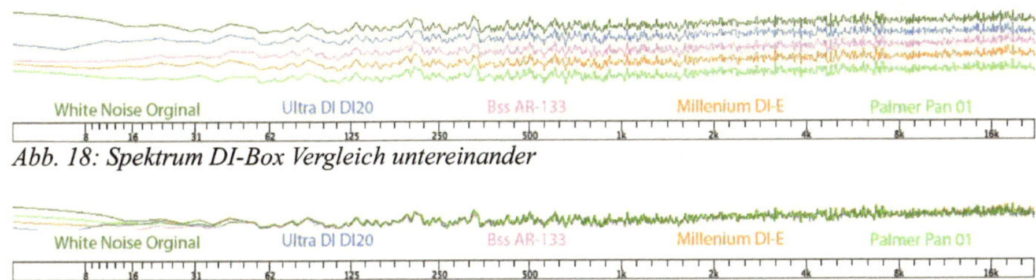

Abb. 18: Spektrum DI-Box Vergleich untereinander

Abb. 19: Spektrum DI-Box Vergleich übereinander

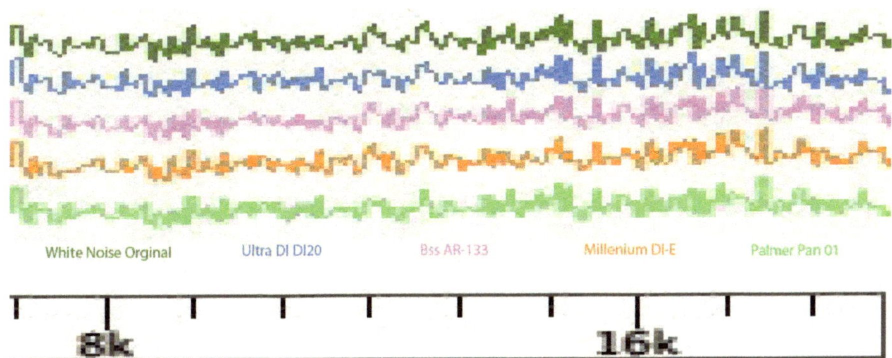

Abb. 20: Spektrum DI-Box Vergleich untereinander ab 7 kHz

Bei der Verarbeitung des *Sinus Sweeps* gab es bei einer der aktiven DI-Box eine Besonderheit: die *Ultra-DI DI20* fing an ab ca. 4 kHz zu klirren:

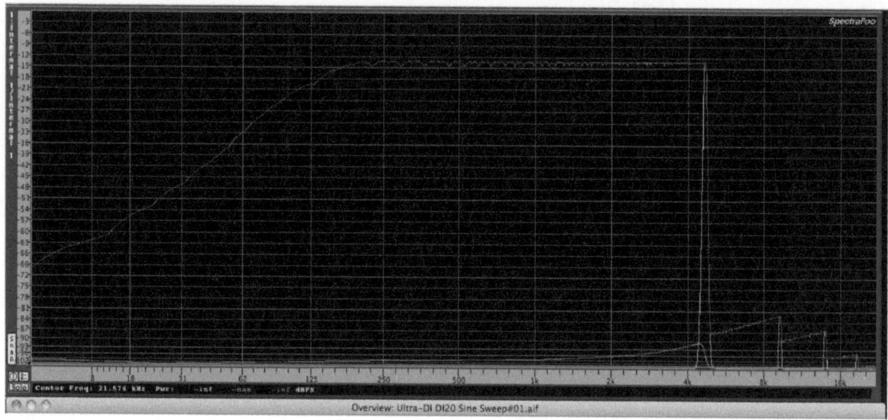

Abb. 21: Ultra-DI DI20 Sinus Sweep

Diese Phänomen trat bei keiner anderen DI-Box auf, somit ist auch das dynamische Verhalten der *Ultra-DI DI20* nicht mehr zu beurteilen.

Zum Vergleich das Spektrum der Bss AR-133:

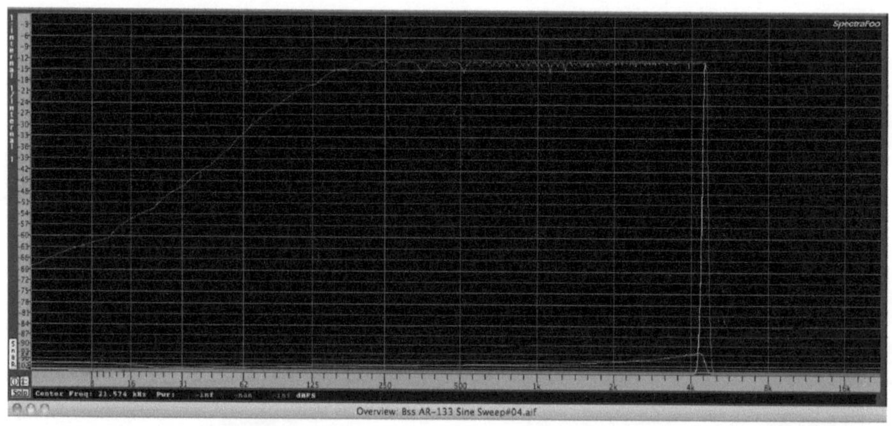

Abb. 22: Bss AR-133 Sinus Sweep

Entgegen der in der Fachliteratur allgemein vorherrschenden Meinung konnte bei keiner der in diesem Versuch getesteten passiven DI-Boxen ein Klirren in den tiefen Frequenzen nachgewiesen werden.[7] Die Daten des *Rosa Rauschen* führten zu keinen neuen Erkenntnissen.

---

7 Siehe auch Kapitel 2.2.1 und 2.4.

6 Fazit

Ausgehend von den Versuchsergebnissen ist der einzige Grund, sich für eine aktive DI-Box zu entscheiden, deren wesentlich höherer Signal-Rausch-Abstand. In dem Versuch wies die *Bss AR-133* den besten Signal-Rauschabstand auf, was angesichts des hohen Preise nicht überraschend ist.

Der Frequenzgang der getesteten DI-Boxen ist bis auf geringe Unterschiede in den tiefen Frequenzen fast deckungsgleich. In einem persönlichen Hörversuch klang die *Ultra-DI DI20* als einzige DI-Box deutlich anders als die restlichen im Versuch getesteten DI-Boxen. Es klang für mich, als seien die oberen Mitten angehoben - blechig und nasal. Dieser Klangunterschied ist wahrscheinlich auf das Klirren ab ca. 4 kHz zurückzuführen. Außerdem ist die *Ultra-DI DI20* die einzige im Versuch getestete DI-Box, bei der der 'Ground/Lift'-Schalter wirkungslos ist.[8] Da neben dem Operationsverstärker kein zusätzlicher Trafo verbaut wurde, war dies zu erwarten. Es ist kritikwürdig, dass der Hersteller *Behringer* einen Schalter verbaut, der offensichtlich keinerlei Funktion besitzt und den Kunden somit in die Irre führt. Von der *Ultra-DI DI20* ausgehend sollte auf DI-Boxen mit einem Operationsverstärker verzichtet werden. Das Signal wurde zwar mit einem verhältnismäßig guten Signal-Rauschabstand symmetriert, dennoch sind klangliche Veränderungen durch das Klirren ab ca. 4 kHz ein erhebliches Manko. Dies ist erstaunlich, da ein Operationsverstärker das Audio-Signal wesentlich besser verarbeiten können sollte als ein Transformator. Vermutlich sind die Defizite in der Übertragung auf mindere Qualität des verbauten Operationsverstärkers zurückzuführen. Ebenfalls nachteilig an einer DI-Box mit Operationsverstärker ist die nicht vorhandene Möglichkeit der Massentrennung; es wird dadurch unmöglich Erdschleifen zu vermeiden. Diese fehlende Eigenschaft macht die *Ultra-DI DI20* für den Einsatz im Live-Bereich praktisch unbrauchbar.

Abgesehen davon scheint die elektrotechnische Entwicklung in den letzten Jahren erhebliche Fortschritte gemacht zu haben. Die Versuchsergebnisse zeigen, dass gute Transformatoren heute auch schon für wenig Geld zu bekommen sind. Das in der Fachliteratur beschriebene „Beschneiden der hohen Frequenzen" (vgl. Pieper, 2001, S. 59) konnte selbst beim günstigen Modell der passiven DI-Box nicht nachgewiesen werden. Tatsächlich ist die *Millenium DI-E* in der Kategorie 'passive DI-Boxen' der klare Sieger. Sie konnte die Signale in Puncto Signal-Rauschabstand besser verarbeiten als die *Palmer Pan 01* bei gleich bleibendem Frequenzgang – bei einem Preisunterschied von 25,10 €. Enttäuschend bei der *Palmer Pan 01* ist der Verlust von -6 dB fs gegenüber der *Millenium DI-E*. Teurer ist eben nicht immer besser.

---

8 Bei einer Messung mit einem Multimeter floss trotz aufgetrennter Masse ('Lift') immer noch Strom.

7 Abbildungs- und Literaturverzeichnis

Abbildungen

Abb. 1, S. 5: _http://sound.westhost.com/p35-f2.gif_ am 16.05.2011.

Abb. 2, S. 6: Henle, Hubert: Das Tonstudiohandbuch, 5. Aufl. GC Carstensen Verlag: München, 2001, S. 203.

Abb. 3, S. 7: _http://www.elektronikinfo.de/techpic/strom/op_impedanzwandler.gif_ am 20.05.2011.

Abb. 4, S. 8: _http://sound.westhost.com/p87-f3.gif_ am 23.03.2011.

Abb. 5, S. 8: Dickreiter, Michael: Handbuch der Tonstudiotechnik, Bnd. 2, 6. Aufl. Saur, KG: München, 1997, S. 118.

Abb. 6, S. 8: Pieper, Frank: Das P.A. Handbuch, 2. Aufl. GC Carstensen Verlag: München, 2001, S. 60.

Abb. 7, S. 9: Friesecke, Andreas: Die Audio-Enzyklopädie – Ein Nachschlagewerk für Tontechniker, Saur, KG: München, 2007, S. 239.

Abb. 8, S. 12: _http://www.resopotz.de/images/product/diag-rellog.gif_ am 13.05.2011.

Abb. 9, S. 13: _http://a1.images1.thomann.de/pics/prod/159520.jpg_ am 25.05.2011.

Abb. 10, S. 13: _http://www.musik-schmidt.de/images/product_images/popup_images/PALMER_Pan01.jpg_ am 25.05.2011.

Abb. 11, S. 14: _http://ocie.com/images_products/behringer_ultra_di_di20_s20015.jpg_ am 25.05.2011

Abb. 12, S. 14: _http://www.musik-schmidt.de/images/product_images/popup_images/BSS_AR133.jpg_ am 25.05.2011.

Abb. 13, S. 15: selbst gestaltet aus Komponenten:

http://www.bmusic.com.au/images/mbox2mini_rear.jpg (Rückansicht Mbox 2 Mini),

http://www.shuttervoice.com/wp-content/uploads/2010/06/macbook.png (Mac Book),

http://www.musik-schmidt.de/images/product_images/popup_images/BSS_AR133.jpg (Bss AR-133)

am 25.05.2011.

Abb. 14, S. 16: selbst gestaltet aus: *http://www.dv247.de/assets/products/79167_1.jpg* am
25.05.2011.

Abb. 15, S. 17: selbst gestaltet aus: *http://www.dv247.de/assets/products/79167_1.jpg* am
25.05.2011.

Abb. 16, S. 18: selbst gestaltet aus Screenshots

Abb. 17, S. 18: selbst gestaltet aus Screenshots

Abb. 18, S. 19: selbst gestaltet aus Screenshots

Abb. 19, S. 19: selbst gestaltet aus Screenshots

Abb. 20, S. 19: selbst gestaltet aus Screenshots

Abb. 21, S. 19: selbst gestaltet aus Screenshots

Abb. 22, S. 20: selbst gestaltet aus Screenshots

Literatur

Dickreiter, Michael: Handbuch der Tonstudiotechnik, Bnd. 2, 6. Aufl. Saur, KG: München, 1997.

Friesecke, Andreas: Die Audio-Enzyklopädie – Ein Nachschlagewerk für Tontechniker, Saur, KG: München, 2007.

Henle, Hubert: Das Tonstudiohandbuch, 5. Aufl. GC Carstensen Verlag: München, 2001.

Conrad, Jan-Friedrich: Lexikon Beschallung, PPV Presse Project Verlags GmbH: Bergkirchen, 2004.

Conrad, Jan-Friedrich: Recording, 5. Aufl. Ppv Medien: Bergkirchen, 2003.

Pieper, Frank: Das P.A. Handbuch, 2. Aufl. GC Carstensen Verlag: München, 2001.